Bibliografische Information der Deutschen Nationalbibliothek:

Die Deutsche Bibliothek verzeichnet diese Publikation in der Deutschen National-
bibliografie; detaillierte bibliografische Daten sind im Internet über http://dnb.d-
nb.de/ abrufbar.

Impressum:

Copyright © 2015 GRIN Verlag, Open Publishing GmbH
Druck und Bindung: Books on Demand GmbH, Norderstedt Germany
ISBN: 9783668346093

Dieses Buch bei GRIN:

http://www.grin.com/de/e-book/344913/armut-in-den-usa-wie-reagiert-die-ameri-
kanische-politik-auf-armut-und

Benjamin Kahle

Armut in den USA. Wie reagiert die amerikanische Politik auf Armut und erweisen sich diese Mittel als geeignet?

Christian-Albrechts-Universität zu Kiel
Geographisches Institut
Hauptseminar: Stadt und Armut
Wintersemester: 2014/15

Armut in den Vereinigten Staaten von Amerika

Benjamin Kahle
Studiengang: B.Sc. Geographie (Ein-Fach-Bachelor)

Inhaltsverzeichnis

1. Einleitung

Spricht man über die Vereinigten Staaten von Amerika kommen schnell viele Leitgedanken und Erinnerungen von Bildern aus den Medien zum Vorschein. Man redet über die starken USA, die wie kein anderer Staat als Grundpfeiler für die westlichen demokratischen Werte stehen. Man denkt an eine starke Bevölkerung, die den amerikanischen Traum leben und sich vom Tellerwäscher zum Millionär hocharbeiten können. Mit den USA verbindet man die glitzernden Metropolen New York, Chicago oder Los Angeles mit ihren unverwechselbaren Skylines, die als äußerlicher Indikator für die Zurschaustellung des Reichtums des Landes dienen. Ein Land, das wie kein zweites kulturellen Einfluss auf die Welt ausübt. Sei es durch die verschiedensten Musikrichtungen, TV-Serien oder die Filme aus Hollywood die global exportiert werden und enormen Umsatz generieren. Und in diesem Land soll es Armut geben? Wenn man genauer hinter die Fassade schaut, erkennt man die andere Seite der USA. Die Seite, über die Medien und Politiker ungern berichten, um den Freiheitsgedanken und Traum vom reich werden aufrechtzuerhalten. Wir reden über einen Staat, der mit einem jährlichen Bruttoinlandsprodukt von 16,8 Billionen US-Dollar und einem BIP pro Kopf von 52.000 US-Dollar (WORLD BANK 2013) in der Lage ist ca. 45 Millionen arme Menschen zu generieren, mit dem Trend, dass es in den nächsten Jahren noch mehr werden. Im Lehrbuch für Volkswirtschaftslehre von Samuelsen und Nordhaus wird Armut als Zustand, in dem Menschen ein unzureichendes Einkommen beziehen, definiert (SAMUELSON UND NORDHAUS 1998, S. 427) und auch N. Gregory Mankiw beschreibt in seinem Standardwerk Armut als Stromgröße, also als Einkommensarmut (MANKIW 2004, S. 250). Doch wie geht ein Staat, in dem das Bestreben nach freier Marktwirtschaft extrem hoch ist, mit Armut um? In folgender Arbeit soll als Leitfrage erarbeitet werden, wie die amerikanische Politik auf Armut reagiert, diese zu bekämpfen versucht und ob diese Mittel sich als geeignet erweisen. Hierfür wird zuerst definiert, wie in den USA Armut gemessen wird und wer somit als arm gilt. Dazu werden verschiedene Armutsgruppen und die räumliche Verteilung von Armut untersucht, bevor auf die politische Bekämpfung von Armut eingegangen wird. Hier sollen zwei unterschiedliche Ansätze, die einer demokratischen und einer republikanischen Regierung erläutert werden, um diese Grundlagen auf die heute wichtigen Programme zu übertragen. Im Anschluss sollen Fallbeispiele aus unterschiedlichen Bereichen der USA (rustbelt und sunbelt sowie Washington D.C.) die Disparitäten zwischen arm und reich besser verdeutlichen, um am Ende im Fazit die Teile kurz zusammenzufassen, zu bewerten sowie um einen Ausblick auf die zukünftige Forschungsthemen zu geben.

2. Armut in den Vereinigten Staaten von Amerika

Die Armut der USA wird jedes Jahr durch das Bureau of Census gemessen und ein dazugehöriger Einkommens- und Armutsbericht erstellt und veröffentlicht. Im folgendem wird auf diese amtlichen Daten zurückgegriffen, um Armut zu definieren und ein Bild darüber aufzubauen, wie die Armutslage in dem Land aussieht.

2.1. Messung von Armut

Um Armut überhaupt messen zu können, ist es notwendig, dass man im Vorwege festlegt ab wann man als arm gilt. Es sind also Schwellenwerte aufzustellen, die als Grenzwerte für arm und nicht arm dienen sollen.

Vor und während des Zweiten Weltkriegs war die Messung von Armut von eher geringer Bedeutung. Abgesehen von der Weltwirtschaftskrise 1929 und die Einführung des New Deal-Programmes unter Franklin D. Roosevelt im Jahr 1933 (GRELL UND LAMMERT 2013, S. 85), begann das Interesse an Armutszahlen erst in den 1950er Jahren. Ab 1963 kam es dabei zu einer grundlegenden Entwicklung bei der Messung von Armut. Die Analystin des Landwirtschaftsministeriums Mollie Orshansky fand in Studien heraus, dass ein durchschnittlicher amerikanischer Haushalt etwa ein Drittel des Nettoeinkommens für Lebensmittel ausgibt. Daraus entwickelte sie einen Warenkorb mit Konsumprodukten, der die grundlegenden Produkte aus den Kategorien Lebensmittel, Wohnen, Transport, Kleidung und Gesundheit beinhaltet haben. Aus diesem Warenkorb, stellte Orshansky Einkommens-Schwellenwerte auf, die definierten wieviel Nettoeinkommen nötig ist, um nicht als arm zu gelten (RAINWATER 1992, S. 197). Diese Orshansky-Methode findet in ihren Grundzügen bis heute bei der Armutsmessung in den Vereinigten Staaten ihre Anwendung.

Allerdings gab es über die Jahre auch einige Anpassungen an der Methodik. Ab 1969 wurden die Grenzwerte jährlich an den Verbraucher-Preis-Index (CPI) angepasst, um auf die Inflation zu reagieren. Auch gab es Änderungen in der Messung von Einkommen. Zwar wurde weiterhin das gesamte Nettoeinkommen eines Haushalts gemessen, aber einige Ausnahmen zu dieser Messung hinzugefügt. So werden nicht monetäre Staatshilfen wie Lebensmittelmarken oder Krankenversorgung, wie auch Gewinne und Verluste aus Kapitalgeschäften nicht in die Messung inkludiert. Außerdem spielen Personen im Alter von unter 15 Jahren sowie Menschen ohne konventionelle Behausungen, wie Obdachlose, Soldaten in den Kasernen, Bewohner von Studentenwohnheimen und Gefangene in der Aufstellung der Schwellenwerte keine Rolle (BISHAW und FONTENOT 2014, S. 3).

Aus dieser Grundlage stellt das US Bureau auf Census in ihren jährlichen Berichten eine Tabelle zur Verfügung, aus der die kritischen Einkommen für jede spezifische Größe von Haushalten entnommen werden können. Für 2013 setzte man so zum Beispiel die Armutsgrenze einer alleinlebenden Person von unter 65 Jahren auf ein Jahres-Nettoeinkommen von 12.119 US-Dollar. Bei einer alleinerziehenden Person mit einem Kind unter 18 Jahren wären es 16.057 US-Dollar, während ein Elternpaar mit einem Kind unter 18 Jahren bei unter 18.751 US-Dollar an Einkommen als arm gilt (U.S. CENSUS BUREAU 2014, S. 43).

2.2. Armutsquoten

Folgender Abschnitt soll sich mit der Entwicklung der Armut und den aktuellen Armutszahlen beschäftigen. Das Augenmerk wird hierbei auf den historischen Verlauf, sowie den Unterschieden zwischen den Ethnien und der räumlichen Verteilung von Armut gelegt.

Schaut man sich den Verlauf der Armutsquote seit Beginn der Messung im Jahr 1959 bis heute an, stellt man einige Schwankungen der Armutszahlen fest. Für die 1960er ist so ein sehr starkes Absinken der Quote von 22,4 % (1959) auf 12,1 % (1969) zu beobachten. Die Anzahl der von Armut betroffenen Personen hat sich also fast halbiert. Dieser positive Trend setzt sich bis an die Anfänge der 1980er Jahre fort, wo die Armutsquote wieder rasch auf bis zu 15,2 % im Jahr 1983 anstieg. Es folgte eine Stabilisierung des Wertes, bis die Clinton-Administration eine Senkung der Armutsquote von 15,1 % (1993) auf 11,3 % (2000) verzeichnen konnte und die Bush-Regierung ihren Platz im Weißen Haus einnahm. In den nächsten Jahren kam es zu einem leichten Anstieg der Quote und schließlich nach Beginn der Subprime-Krise ab 2007 zu einem raschen Anstieg auf 15,1% im Jahr 2010 (U.S. CENSUS BUREAU 2014, S. 44).

Der aktuellste Einkommens- und Armutsbericht für das Jahr 2013 gibt eine amtliche bundesweite Armutsquote von 14,5 % aus. Somit liegen im Moment die Einkommen von ca. 45,3 Millionen Einwohnern der USA unterhalb der aufgestellten Armutsgrenzen (U.S. CENSUS BUREAU 2014, S. 13). Schaut man sich bestimmte Teilgruppen der amerikanischen Gesellschaft an, werden Problembereiche der fortschreitenden Armut offengelegt. So sind Personen, die in einer Familie mit Ehepartner und eventuellen Kindern leben nur zu 12,4 % von Armut betroffen, während Einwohner in sogenannten „unrelated subfamilies", also Beziehungsverhältnissen ohne Ehe oder Alleinerziehende zu 43 % von Armut betroffen und die Quote bei Kindern in dieser Kategorie gar bei 47,7 % liegt. Auch Single-Haushalte weisen mit 23,3 % Armutsquote einen wesentlich höheren Wert auf, als der Durchschnitt. Es spricht also vieles dafür, dass es als Einzelperson oder Alleinerziehendes Elternteil diffiziler ist die Menge an Einkommen zu generieren, um nicht offiziell als arm zu gelten. Vor allem für alleinerziehende Mütter ist die Gefahr relativ groß in die Armut abzugleiten. Ein Phänomen welches in den USA bereits seit Beginn der Messungen im Jahre 1959 erfasst wurde (U.S. CENSUS BUREAU 2014, S. 44). Damals lag die Armutsquote dieser Gruppe bei 49,4 % und ist bis ins Jahr 2013 nur auf 33,2 % abgesunken.

Große Unterschiede findet man auch in den Armutsquoten der Ethnien. Das Büro des amerikanischen Zensus unterscheidet in dieser Kategorie zwischen Weiß, Schwarz, Hispanic und Asiatisch (U.S. CENSUS BUREAU 2014, S. 5). Am wenigsten von Armut betroffen ist die Gruppe der Asiaten. Hier liegt die Armutsquote im Jahr 2013 bei nur 10,5 %, was mit dem hohen Medianeinkommen dieser Gruppe von 67.065 US-Dollar zu erklären wäre. Dicht folgend liegt die weiße Bevölkerung mit 12,3 % von Armut betroffener Personen. Danach gibt es einen großen Sprung zu den anderen beiden erfassten Bevölkerungsgruppen. Hispanics mit 23,5 % und Personen mit schwarzer Hautfarbe mit 27,2 % sind essentiell mehr von Armut betroffen. Dieses zeigt sich auch am durchschnittlichen Medianeinkommen der Haushalte, wo das Einkommen der schwarzen Einwohner mit 34.598 US-Dollar etwa halb so hoch ist, wie das der Asiaten und auch im Vergleich zur weißen Bevölkerung (58.270 US-Dollar) als sehr niedrig zu bewerten ist. Dieses Verhältnis ist bereits seit den Anfängen der Messungen von Armutszahlen zu beobachten. Während sich die Quoten der weißen Einwohner immer zwischen 10 % und 14 % bewegten, bewegten sich bei den Hispanischen und schwarzen Personen die Zahlen in Bereichen von 24 % bis 35 %. Auch wenn sich in den 1990er Jahren eine sehr positive Entwicklung dieser Gruppen abzeichnete sind in den letzten 10 Jahren wieder stark steigende Armutszahlen zu verzeichnen.

Armut in den USA lässt sich auch räumlich gut untersuchen. Der Zensus misst in den Statusberichten nicht nur die Gesamtzahlen, sondern auch wie die Lage in den jeweiligen Bundesstaaten aussieht. Beim Betrachten dieser Bundesstaaten wird vor allem deutlich, dass es große Unterschiede gibt. Es gibt Bundesstaaten wie Maryland, Wyoming oder North Dakota, die unter dem US-Durchschnitt liegen sowie Staaten wie Mississippi, Louisiana oder New Mexico, die weit über dem Durchschnitt liegen. Im Falle Mississippi wären es mit 24,0 % Armutsquote für 2013 fast 10% mehr als im Gesamtdurchschnitt (BISHAW UND FONTENOT 2014, S. 4). Insgesamt lässt sich aus diesen Daten erschließen, dass Armut zwar ein Problem in ganz Amerika ist, aber die Konzentration der selbigen in den Südstaaten extrem hoch ist. Fasst man die Anzahl der von Armut betroffenen Personen aus dem Bericht des Zensus zusammen ergibt sich die Aufteilung, dass 41,6 % der armen Bevölkerung in den Südstaaten lebt.

3. Bekämpfung von Armut

Armut ist nach wie vor ein schwieriges Thema in den USA. Man sieht die Zahlen und die Bekämpfung der Armut ist immer wieder ein politisches Streitthema in Wahlkämpfen. Zum einen gibt es die Gruppe, die sich für mehr Staatshilfen ausspricht und Reformen anschieben möchte und zum anderen die Gruppierung, die an den amerikanischen Traum glaubt, wo der Freiheitsgedanke über allem steht und Befürworter von Staatseingriffen schnell als sozialistisch oder gar kommunistisch beschimpft werden. Im Folgenden soll untersucht werden, wie der Akteur Politik die Armut zu bekämpfen versucht. Dafür wurden zwei unterschiedliche Ansätze der beiden Parteien betrachtet, die in der Vergangenheit den Kampf gegen Armut wesentlich geprägt haben.

Spricht man von Bekämpfung von Armut und die Gewährung von Wohlfahrt, sollte man untersuchen mit welchem Grundverständnis Maßnahmen beschlossen und durchgesetzt werden. Reformen von Sozialpolitik werden beispielsweise in Deutschland oder Dänemark anders betrachtet als in den angelsächsischen Ländern USA und Großbritannien. Britta Grell und Christian Lammert unterscheiden hierbei zwischen drei unterschiedlichen Wohlfahrtsregimen (GRELL UND LAMMERT 2013, S. 21). Während man in Skandinavien das sozialdemokratische Wohlfahrtsregime mit höheren Umverteilungstendenzen vorherrscht, spricht man in Deutschland vom konservativen Wohlfahrtsregime, was mit einer Gewährung von sozialer Sicherheit und der Erhaltung von sozialer Statusunterschiede einhergeht. Die USA wird dem liberalen Wohlfahrtsregime zugeordnet, welches auf dem Grundsatz der liberalen Ethik beruht. Dadurch gibt es einen hohen Anteil von bedürftigkeitsgeprüften Leistungen und nur wenige universelle Leistungen und Versicherungen. Innerhalb dieses Regimes hat der Staat nicht die Aufgabe den Einzelnen mit Leistungen zu fördern, sondern den Markt zu stärken, damit dieser für höhere Löhne und Arbeitsplätze sorgt.

Auf politischer Ebene gab es bereits nach der Weltwirtschaftskrise in den 1930er Jahren eine große Sozialreform. Unter Franklin D. Roosevelt wurde der „New Deal" verabschiedet, der die Armut innerhalb des Landes bekämpfen sollte. So sollte durch Investitionen des Staates der Bau von Infrastruktur gefördert und die hohe Anzahl von Arbeitslosen verkleinert werden. Ein ähnlich großes Programm wollte der 36. Präsident der USA, Lyndon B. Johnson in den 1960er Jahren durchsetzen. Unter dem Namen „Great Society" sollten Bürgerrechte und die Gleichberechtigung gestärkt werden. Ein Teil dieses Programmes war der „War on Poverty". Johnsons Ziel war es, mit diesem Krieg den „totalen Sieg" über die Armut zu erringen (GEBHARDT 1998, S. 101). Die Grundlegenden Neuerungen waren, die Aufweichung von Beschränkungen, um Leistungen aus dem AFDC zu erhalten (Aid to Families with Dependent Children). Diese Art der Sozialhilfe wurde eigentlich 1935 im Zuge des „New Deal" eingeführt und sollte Müttern helfen, die ihre Kinder alleine erziehen mussten. Seit dem „War on Poverty" konnten nun auch andere Gruppen aus diesem Programm Hilfe beziehen, wenn sie die Voraussetzungen erfüllten. Desweitern kam es zur Einführung von Food Stamps, Medicare und Medicaid, die auch heute noch als Grundsäulen des amerikanischen Sozialsystems existieren (GEBHARDT 1998, S. 103f.). Während Foodstamps für die Grundversorgung mit Lebensmitteln für Familien gedacht waren, bezogen sich Medicare und Medicaid auf die Gesundheitsversorgung. Medicare war eine Pflichtversicherung für Personen über 65 Jahren, die nicht mehr arbeiteten. Durch Medicare wurde ein Großteil der Versorgungsleistungen im Krankheitsfall abgedeckt. Dagegen war Medicaid als eine Hilfe für Menschen gedacht, die nicht genug Geld hatten sich selbst zu versichern, wenn zum Beispiel der Arbeitgeber keine Krankenversicherung übernimmt. Eine sehr umstrittene Neuerung, die auch sehr gut den Konflikt zwischen sozialer Verbesserung und Freiheitsgedanke widerspiegelt, ist die Einführung des Community Action Program. Bestandteile dieses Programms waren Community-Action-Büros, in denen nicht Politiker oder Unternehmer saßen, sondern Arme und Benachteiligte Personen. Die Regierung Johnson hatte den Plan, dass Planung und Durchführung von armutsbekämpfenden Programmen durch die Betroffenen selbst am besten ausgeführt werden könnten. Nach Arbeitsaufnahme der Büros kam es zu massiver Kritik und Behinderungen durch Bürgermeister, Lokalpolitiker und konservativen Gengenspieler Johnsons.

In der Schlussbetrachtung der Zahlen stellt man fest, dass die Armutsquote in den Jahren nach dem Krieg gegen Armut stark gesunken ist (U.S. CENSUS BUREAU 2014, S. 44). Zu Beginn der Reform maß man 19,0 % (1964) Armut, die im Laufe der Amtszeit Johnsons bis 1969 auf 12,1 % absank. Allerdings muss dazugesagt werden, dass im Laufe dieser Zeit, die Wirtschaft in der Zeit von 1961 bis 1969 stark gewachsen ist und eine damit verbundene niedrigerer Anzahl von Arbeitslosen zu dem guten Ergebnis beitrug. Aber das Programm hatte auch viele Kritiker. Nicht nur konservative Republikaner, sondern auch aus den eigenen Reihen wird und wurde der Erfolg angezweifelt. Selbst heute gibt es darüber viele Diskussionen. Mit einem Statusbericht nach 50 Jahren „War on Poverty" stellte der Council of Economic Advisers fest, dass die damalige Reform ein Grundstein für die soziale Absicherung der Bevölkerung und somit ein Erfolg ist (COUNCIL OF ECONOMIC ADVISERS 2014). Ein weiterer Bericht aus dem Haushaltskomitee, erstellte auch einen Bericht, in dem Johnsons Reform stark kritisiert und vor allem auf die hohen Ausgaben, die am besten stark gekürzt werden sollten, hingewiesen wird (HOUSE BUDGET COMITTEE REPORT 2014)

Einen anderen politischen Ansatz verfolgte die Regierung Reagan in den 1980ern. Schon bei seiner Antrittsrede am 20. Januar 1981 wurde die Handlungsweise angedeutet. Reagan sprach davon, dass Government nicht die Lösung, sondern Government selbst das Problem ist (REAGAN 1981). Die Marschroute wurde auch direkt umgesetzt. Unter dem Stichwort „New Federalism" sollten die bundesstaatlichen Ausgaben für Sozialleistungen minimiert und auf die Bundesstaaten ausgelagert werden (GEBHARDT 1998, S. 147). So wurde die Verantwortung für die Gewährung von Arbeitslosengeld oder des ab den 70er Jahren explodierenden AFDC an die

Bundesstaaten übertragen, welche selbstständig Regelung für die Gewährung von Leistungen aufstellen konnten. Teilweise waren erhebliche Unterschiede zwischen den Bundesstaaten aufgetreten und der AFDC konnte so auch nicht mehr an die Inflation angepasst werden. Da somit weniger Menschen Anspruch auf die Sozialhilfe hatten oder die Höhe der Hilfe nicht mehr ausreichten, gab es für die Betroffenen nur noch die Möglichkeit über Food Stamps die Existenz und Grundversorgung sicherzustellen. Eine Entwicklung, die bis heute eine sehr große Bedeutung im Alltag der amerikanischen Bevölkerung hat. Die Reagan-Reform als konservativer Ansatz startete mit einer offiziellen Armutsquote von 14,0 % (1981) und verzeichnete einen Anstieg auf bis zu 15,2 % (1983). Am Ende übergab die Regierung eine Armutsquote von 12,8 % an die Nachfolger (U.S. CENSUS BUREAU 2014, S. 44).

Betrachtet man beide beschriebenen Methoden erkennt man das Konfliktpotential, den es gerade in der Gewährung von staatlichen Hilfen in den USA gibt. Auf der politischen Ebene ist es schwierig Reformen anzuschieben, da der mit der liberalen Ethik verbundene Freiheitsgedanke und der Glaube an den sich selbst regelnden Markt, der auch innerhalb der Bevölkerung weit verbreitet ist, nur schwierig einen Konsens zulässt. Bei der Bekämpfung von Armut reicht die Arbeit der Politik alleine nicht aus und aus Folge dieser schwierigen Verhältnisse ist es für die armen Menschen in den USA essentiell wichtig, dass es auch andere Akteure in dieser Kategorie gibt, die die Lücken von schwacher Politik schließen. Zu nennen sind in diesem Kontext vor allem Suppenküchen, Kirchen, Obdachlosenheime und private Organisationen bzw. Personen, die versuchen den von Hunger und Obdachlosigkeit betroffenen Personen zu helfen. Aber klar ist auch, dass die Anzahl der Bedürftigen jedes Jahr größer wird und es für die genannten Akteure schon jetzt schwierig wird allen Menschen, die Hilfe in Anspruch nehmen wollen, zu helfen.

4. Welfare in der Gegenwart

Nach der Betrachtung der Vergangenheit, ist es auch wichtig sich die aktuellen politischen Maßnahmen anzuschauen. Als ersten Schritt der Untersuchung soll hierbei der Umfang der staatlichen Leistungen betrachtet werden. Dieses lässt sich sehr gut und anschaulich über den Anteil der Sozialleistungen am Bruttoinlandsprodukt (hier abgekürzt als BIP) erarbeiten. In den Berichten der OECD werden jedes Jahr diese Daten von ausgewählten Staaten aufbereitet und veröffentlicht. Für das Jahr 2013 lag der Anteil der staatlichen Sozialausgaben bei 20 % des BIP, während die privaten Ausgaben (zuletzt gemessen im Jahr 2009) bei 10,5 % liegen (OECD 2014, S. 217). Auffälligkeiten in den Zahlen gibt es vor allem in der Entwicklung und dem privaten Teil. In den letzten 23 Jahren gab es in den USA einen steigenden Wert von staatlichen Ausgaben. Während er 1990 noch bei 13,6 % lag, stieg er bis 2008 auf 17 % an und erreichte 2013 unter der Präsidentschaft von Barack Obama seinen Höhepunkt. Vergleicht man diesen Wert mit anderen großen europäischen Nationen, fällt auf dass zum Beispiel in Deutschland mit 26,2 % oder Frankreich mit 33 % mehr für die soziale Sicherheit investiert wird. Allerdings ist dieses nicht so im privaten Sektor. Dort stellen die USA mit ihren 10,5 % den absoluten Spitzenwert dar. In Deutschland oder Frankreich beträgt dieser Anteil nur ca. ein Drittel von dem was Privatpersonen in den USA selbst ausgeben. Doch welche Staatsleistungen gibt es überhaupt in den Vereinigten Staaten? Im Folgenden soll auf die wichtigsten Hilfeleistungen eingegangen und ein Einblick in die aktuelle Krankenversicherungsdiskussion gegeben werden.

Eine sehr große Rolle in den USA spielen die Essensmarken (Food Stamps) oder auch Supplemental Nutrition Assistance Program (SNAP) genannt. Dieses Programm wurde von Johnson im „War on Poverty" eingeführt und wird vom amerikanischen Landwirtschaftsministerium verwaltet. Dieses Programm ist für Personen gedacht, die sich oder ihre Familie mit einem Einkommen nicht mehr ernähren können oder keinen Anspruch auf Arbeitslosengeld mehr haben, da dieses in der Regel auf 26 Wochen begrenzt ist (DEPARTMENT OF LABOR NEW YORK STATE 2015). Die Essensmarken werden am Monatsanfang ausgeben und können in vielen teilnehmenden Supermärkten gegen Lebensmittel eingetauscht werden. Dabei wird heutzutage nicht mehr auf die Papierform zurückgegriffen, sondern die Teilnehmer des Programms erhalten elektronische Checkkarten, die digital aufgeladen werden. Waren es in den Anfängen des Programms gerade mal knapp 3 Millionen Einwohner die Essensmarken erhielten, stieg die Anzahl bis 2001 auf 17,3 Millionen und liegt heute bei 46,5 Millionen Teilnehmern, von dem jeder im Durchschnitt 125,35 US-Dollar pro Monat gutgeschrieben bekommt (US DEPARTMENT OF AGRICULTURE 2015). Dies Gesamtausgaben belaufen sich dabei auf im Moment 74,1 Milliarden US-Dollar im Jahr.

Ein weiteres Mittel, auf das US-Bürger zugreifen können ist die Sozialhilfe. Bis 1996 wurde diese durch den AFDC abgedeckt und wurde dann unter Bill Clinton von der TANF (Temporary

Assistance Of Needy Families) abgelöst (SCHILD 2003, S. 108f.). Diese Hilfe wird durch die einzelnen Bundesstaaten getragen und hat zur Bedingung, dass Personen in ihrem Lebenszyklus nicht länger als fünf Jahre Hilfe in Anspruch nehmen können (ELDERSVELD 2007, S. 7). Seit 1996 hat sich die Anzahl der Empfänger des TANF von ca. 12 Millionen Empfängern auf derzeit 3,4 Millionen Empfänger verringert (U.S. OFFICE OF FAMILY ASSISTANCE 2014) und jährlich mit ca. 17 Milliarden US-Dollar in den Haushalt eingestellt (U.S. DEPARTMENT OF HEALTH AND HUMAN SERVICES 2014, S. 297).

Ein wichtiges und heikles Thema für arme Menschen ist die Gesundheitsversorgung. Diese ist, anders als in Deutschland, nicht obligatorisch und verpflichtend. US-Bürger haben entweder die Möglichkeit von ihren Arbeitgebern eine Krankenversicherung zu erhalten, sofern diese es anbieten oder sich privat versichern zu lassen. Dieses ist gerade für Menschen mit keinem oder einem schlecht bezahlen Job ein großes Problem. So waren im Jahr 2011 15,7 % der Bevölkerung einen Teil oder das komplette Jahr nicht krankenversichert. 55,1 % bezogen eine Krankenversicherung über den Arbeitgeber und 9,8 % versicherten sich privat, während 16,5 % das staatliche Hilfsprogramm Medicaid in Anspruch nahmen (OFFICE OF THE ASSISTANT SECRETARY FOR PLANNING AND EVALUATION 2012).

Zu der Einführung von Medicaid kam es in den 60er Jahren. Medicaid ist ein Programm, das die Gesundheitsversorgung von behinderten und armen Personen, die sich von ihrem Gehalt keine Krankenversicherung leisten können, sicherstellt (LÄUFER 2012, S. 3f.). Aber auch für dieses Programm müssen bestimmte Zugangsvoraussetzungen erfüllt sein. Die Regularien werden von den einzelnen Bundesstaaten aufgestellt und in 39 dieser Staaten gilt die Regelung, dass nur der Zugang zu Medicaid erhält, der ein Einkommen von unterhalb von 133 % der Armutsgrenze bezieht. Im Fall für eine Single-Person im Jahr 2014, für die die Armutsgrenze bei 12.316 US-Dollar liegt, darf diese Person nur maximal 16.380 US-Dollar an Einkommen aufweisen, um Medicaid in Anspruch nehmen zu können. Dennoch gibt es in 11 Bundesstaaten andere Regelungen, mit anderen Einkommensgrenzen, so dass es einige Fälle gibt, wo das Einkommen zu hoch für die Gewährung von Medicaid ist, aber auf der anderen Seite zu niedrig, um sich selbst privat zu versichern.

Für die ältere Generation wurde das Programm Medicare eingeführt. Es gewährt allen ehemaligen Berufstätigen über 65 Jahren die gesundheitliche Grundversorgung und ist dabei steuer- bzw. beitragsfinanziert (HAVEMANN und WOLFE 2010, S. 54f.). Allerdings deckt diese Versorgung nicht alle Kosten ab und man muss für beispielsweise Aufhalte im Krankenhaus einen Eigenanteil bezahlen. Medicare unterscheidet sich in zwei Pakete. Paket A ist verpflichtend und deckt den Großteil der Kosten ab, während Paket B eine individuelle Zusatzversicherung ist, die weitere Behandlungsmethoden beinhaltet. Kritisch anzumerken ist in dieser Hinsicht, dass sich

Personen mit viel Eigentum sich eine wesentlich bessere Gesundheitsversorgung leisten können, als Personen die nur Paket A in Anspruch nehmen können.

5. Disparitäten innerhalb des Landes

Da die theoretischen Grundlagen nun betrachtet worden sind, kann man sich auf einzelne Fallbeispiele im Land konzentrieren, wo Armut und vor allem die enormen Unterschiede zwischen Armut und Reichtum deutlich werden. Die gewählten Beispiele sind der Wandel vom industriellen rustbelt hin zum zweigeteilten sunbelt und die Armut in Washington D.C. Im ersten Fall geht es vor allem um den Einfluss des Postfordismus und welche Folgen dieser Umschwung für Städte und Personen im Nordosten, wie auch im Süden des Landes hatte. Im zweiten Fall geht es um die Hauptstadt Washington D.C., die im Hinblick auf die Disparität zwischen Regierungsviertel und Armutsvierteln hin untersucht werden soll.

Wenn eine Region unter dem Wandel vom Fordismus hin zum Postfordismus betroffen ist, dann ist es der Nordosten der Vereinigten Staaten. Dieser Teil mit den großen Industriestädten Detroit, Cleveland oder Pittsburgh sowie große Teile Michigans waren die Produktionsstätten für Automobile, Stahlerzeugnisse oder Eisenbahnen et cetera. Durch die im Postfordismus einkehrenden Konzepte von Flexibilität, Spezialisierung und Outsourcing von Arbeit wurden diese Standorte immer kleiner und weniger Arbeitskräfte wurden benötigt. In Folge dessen kam es in diesen Gebieten zu einer erhöhten Arbeitslosigkeit, mit der Folge, dass viele Einwohner diese Orte verlassen haben, um woanders ihr Glück zu suchen. Im Falle Detroits wäre es ein Einwohnerverlust von ca. 73 % in den letzten 50 Jahren, mit erheblichen Konsequenzen für die Stadt, die sich für einige Wissenschaftler im Zustand des Sterbens befindet (EISINGER 2013, S. 1f.). Viele Wohnhäuser aber auch Bürogebäude in Downtown stehen leer und werden teilweise von Obdachlosen als nächtliche Schlafstätte genutzt. In der Innenstadt ist gar ein altes Theater zu einem Parkhaus umfunktioniert worden und die Ausgaben für öffentliche Einrichtungen wie Polizei und Feuerwehr sind kaum noch zu bewältigen. Detroit galt lange Zeit als Zentrum der Automobilindustrie mit Unternehmen wie General Motors, Ford oder Pontiac und bot für alle Schichten und Ethnien der Gesellschaft gute und sichere Arbeitsplätze an den Fließbändern. Armut war eher ein kleines Thema im Umfeld der wirtschaftlichen Hochphase. Heute fällt bei der Betrachtung der Daten eine sehr hohe Armutsquote von 39,3 % und ein zum Vergleich des restlichen Landes sehr geringes Medianeinkommen von 26.325 US-Dollar (Bundessdurchschnitt beträgt 53.046 US-Dollar) auf. Auch der hohe Anteil von Personen ohne Krankenversicherung kann mit 21,8 % als Indikator für überdurchschnittliche Armutsprobleme herangezogen werden. Die Folgen für die Region sind auch zunehmende Migration von hoch qualifizierten Kräften in die Boomregionen, wie zum Beispiel in die Hochtechnologiebereiche des sunbelts.

Wenn man vom sunbelt spricht, ist der Gürtel der Südstaaten der USA gemeint, der sich vom westlichen Kalifornien bis nach Florida erstreckt. Eine Region die bis zum Zweiten Weltkrieg als wirtschaftliche Problemregion Nummer Eins galt und vor allem durch die Landwirtschaft geprägt war. Die bereits schlechte Lage wurde durch den New Deal in den 1930ern weiter verschlechtert, da aufgrund einer Lücke im Rechtssystem die lokalen Großgrundbesitzer ihren Besitz konsolidierten konnten und sich dadurch die Anzahl der Pächter stark verringerte. Daraufhin folgte eine Landflucht von ehemaligen Farmarbeiten in die Städte (KNÖBL 2003, S. 78). Der Süden hing dem Norden auch technologisch immer einen Schritt hinterher, da Träger der Modernisierung, wie zum Beispiel die Mittelschicht, im Süden kaum vorhanden waren. Dieses änderte sich nach Beginn des Zweiten Weltkriegs. Unter dem Aspekt des militärischen Keynesianismus wurden die Ausgaben für Militär extrem erhöht und im Süden viele militärische Produktionsstätten und Stützpunkte geschaffen (KNÖBL 2003, S. 80). Mit dem Militär kamen auch technische Innovationen, die auf die Zivilgesellschaft übergriffen und der Grundstock für neue Industrien waren. Es entstanden hoch profitable und innovative Branchen in Produktion und Dienstleistung wie die Ölindustrie in Texas oder Silicon Valley in Kalifornien. Dieser Aufschwung war allerdings weitgehend auf die städtischen Zentren beschränkt und die Lage auf dem Land blieb unverändert. Hier dominieren weiterhin die Landwirtschaft und Niedriglohnproduktion das Geschehen am Arbeitsmarkt. Migration aus den anderen Gebieten der USA oder dem Ausland gab es vor allem in den urban fringe der Städte und nur 15 % der Zuwanderer siedelten sich auf dem Land an (KNÖBL 2003, S. 87). Die Folge waren extreme Unterschiede zwischen den florierenden und reichen Zentren in Kalifornien, Arizona oder Texas und stark verarmten Regionen in Mississippi oder Arkansas. In Mississippi gelten 24 % der Einwohner offiziell als arm und stellt damit den Spitzenwert in den Vereinigten Staaten (BISHAW UND FONTENOT 2014, S. 3). Ein Staat der geprägt ist von großen Unterschieden zwischen den Ethnien. Auf der einen Seite gibt es viele weiße Besitzer von Farmen und Plantagen und auf der anderen Seite sehr viele arme vor allem schwarze Einwohner, die auf den Farmen zu niedrigen Löhnen arbeiten. Eine Mittelschicht als Grundpfeiler einer ausgeglichen Wirtschaft und Träger von Innovationen ist weiterhin kaum existent (KNÖBL 2003, S. 88 f.). Auch eine Verbesserung der Situation ist nicht abzusehen, da viele Besitzer von landwirtschaftlichen Unternehmen gleichzeitig auch Entscheidungsträger der Lokalpolitik sind oder diese so stark beeinflussen, dass es für neuere modernere Unternehmen schwierig ist, sich in diesen Gebieten niederzulassen.

Ein weiteres sehr anschauliches Beispiel für das Zusammenspiel zwischen arm und reich gibt das Beispiel der Hauptstadt Washington D.C.. Für Medien und kulturelle Exportartikel immer wieder als Vorzeigeobjekt für die westliche Demokratie und Freiheit genommen. In vielen Filmen und Serien gibt es Sequenzen aus Washington, die die Wahrzeichen wie das Weiße Haus, das Kapitol, Pentagon oder das Washington Monument prachtvoll in Szene setzen, um damit ein Bild von einer sauberen, starken und reichen Stadt zu zeichnen, wo Armut kein Thema ist. Doch in der Realität sieht dieses anders aus. Washington gehört zu den ärmsten Städten des Landes und nur in wenigen Orten ist die Entfernung von Geld und Macht hin zur extremsten Armut so gering wie hier. Nur wenige 100 Meter entfernt vom Capitol Hill gibt es Straßenzüge mit Armutsquoten von über 50 % und auch angrenzende Städte wie Baltimore sind von starker Armut betroffen. Für den gesamten District of Columbia errechnete das Zensus-Büro für 2013 eine Armutsquote von 18,2 % und ist somit im oberen Drittel der ärmsten Bundesstaaten angesiedelt (BISHAW und FONTENOT 2014, S. 3).

6. Fazit

Bei der Untersuchung der Armut in den Vereinigten Staaten und deren politischen Werkzeuge, fällt auf, dass sich die dortige Politik eher auf den in der Volkswirtschaft geprägten Armutsbegriff als Einkommensarmut konzentriert. Die aktuellen Zahlen sind mit einer Quote von 14,5 % oder umgerechneten 45 Millionen Menschen für einen modernen westlich-demokratisch geprägten Staat sehr hoch, wobei diese bei dem Hinzuziehen von Armut, die sich nicht nur auf das Einkommen bezieht noch wesentlich höher wären. Auch bei näherer Betrachtung der von Armut betroffenen Gruppierungen wird deutlich, dass Armut in der schwarzen und hispanischen Bevölkerung, wie auch bei alleinerziehenden Elternteilen noch extremer verbreitet ist und in diesen Bereichen erheblicher Handlungsbedarf besteht. Für den politischen Akteur gestaltet sich die Bekämpfung von Armut als großer Konfliktfaktor. Während einige Gruppen der Parteien und der Bevölkerung für weitergehende Reformen sind und von der Regierung mehr soziale Verantwortung verlangen, gibt es weiterhin eine Mehrheit von liberal eingestellten Personen, für die der individuelle Freiheitsgedanke, den damit verbundenen Glauben an den amerikanischen Traum sowie das Prinzip der Selbstverantwortung, das höchste Gut ist. Dieser Ansatz der liberalen Ethik, der in den angelsächsischen Staaten verbreitet ist macht auch große und der Gesamtgesellschaft förderliche Programme wie den Krieg gegen Armut unter Johnson zu sehr schwierigen Unterfangen und verhindern bis heute richtige und wichtige Reformen des Sozialstaats. Einige wichtige zur Verfügung gestellte Hilfsprojekte wie Medicaid unterliegen keiner einheitlichen Regelung und sorgen für den Ausschluss von bedürftigen Menschen von diesen Programmen. Die hohe und steigende Zahl von ausgestellten Essensmarken dienen als Indikator für die Probleme bei schlecht bezahlen Jobs oder der hohen Arbeitslosigkeit in vielen Städten und Kommunen des Landes. Diese Lücken, die die politischen Entscheidungsträger nicht schließen können, werden von vielen gemeinnützigen oder privaten Organisationen versucht aufzufangen, welches als eigenständiges Thema weiter untersucht werden kann. Auch wirtschaftspolitisch hat man noch nicht die nötigen Mittel gefunden, um die Probleme beim Wandel von der Produktionsindustrie hin zur Dienstleistungsgesellschaft zu lösen. Dieses kann sehr gut anhand der Wandlungsregionen des rust- und sunbelts analysiert werden. Hier kommen der wirtschaftliche Abschwung einer ehemaligen Großindustrie und große Disparitäten zwischen arm und reich in neuen boomenden Regionen zu Tage. Insgesamt muss man die in der Einleitung gestellte Leitfrage damit beantworten, dass in der Vergangenheit zwar einige Maßnahmen wie der Krieg gegen Armut in die Richtung gingen, aber nicht ausreichend sind. In den USA kann die Politik alleine nicht für die soziale Absicherung der gesamten Bevölkerung sorgen und ist auf andere Akteure angewiesen, die in Zukunft eine noch größere Rolle spielen werden. Die Hürden der liberalen Ethik in sozialen Fragen sind zu hoch und ohne allgemeinen Konsens, wird sich die Lage bei den Armutszahlen eher weiter negativ entwickeln und die Kluft zwischen extrem reich und arm immer größer. Gerade im Hinblick auf die Finanz- und Wirtschaftskrisen und der immer größer werdenden Verschuldung in den letzten Jahren, sollte sich der Fokus der Politik stärker auf das Abdämpfen von steigender Armut richten.

7. Literaturverzeichnis

BISHAW A. und K. FONTENOT (2014): Poverty. 2012 and 2013. In: U.S. BUREAU OF CENSUS (Hrsg.): American Community Survey Briefs. September 2014. Washington D.C.

DEPARTMENT OF LABOR – NEW YORK STATE (2015): Unemployment Insurance. Url: http://www.labor.ny.gov/ui/claimantinfo/eucfaqs.shtm (Stand: 10.03.2015).

EISINGER, P. (2013): Is Detroit dead? In: Journal of urban affairs 36 (1), S. 1-12).

ELDERSVELD, S. (2007): Poor America. A comperative historical study of poverty in the United States and Western Europe. Plymouth.

GEBHARDT, T. (1998): Arbeit gegen Armut. Die Reform der Sozialhilfe in den USA. Wiesbaden.

GRELL, B. und C. LAMMERT (2013): Sozialpolitik in den USA. Eine Einführung. Wiesbaden.

HAVEMANN R. und B. WOLFE (2010): US Health Care Refom. A Primer and an Assessment. In: Journal fo Institutional Comparisons 8 (3), S. 53-60.

KNÖBL, W. (2003): Auf der anderen Seite der Sonnenallee. Die Schattenseiten der Modernisierung in den Südstaaten. In: FLUCK, W. und W. WERNER (Hrsg.): Wieviel Ungleichheit verträgt die Demokratie. Armut und Reichtum in den USA. Frankfurt a. Main.

LÄUFER, I. (2012): Krankenversicherung in den USA. Problemaufriss und Überblick über zentrale Reformziele. In: OTTO-WOLFF-INSTITUT FÜR WIRTSCHAFSORDNUNG (Hrsg.): Diskussionspapier No. 2012 (1). Köln.

MANKIW, N. G. (2004): Grundzüge der Volkswirtschaftslehre. Stuttgart. 3. Auflage.

OECD (2014): Die OECD in Zahlen und Fakten 2014. Paris.

OFFICE OF THE ASSISTANT SECRETARY FOR PLANNING AND EVALUATION (2012): Overview of the Uninsured in the US. A Summary of the 2012 Current Population Survey Report. Url: http://aspe.hhs.gov/health/reports/2012/uninsuredintheus/ib.cfm (Stand 22.01.2015).

RAINWATER, L. (1992): Ökonomische versus soziale Armut in den USA (1950-1990). In: LEIBFRIED, S. und W. VOGES (Hrsg.): Armut in modernen Wohlfahrtstaaten. Wiesbaden. S. 195-220.

REAGAN, R. (1981): Inaugural Addres. January 20, 1981. Url: http://www.reagan.utexas.edu/archives/speeches/1981/12081a.htm (Stand 12.03.2015).

SAMUELSON, P. und W. NORDHAUS (1998): Volkswirtschaftslehre. Wien. 15. Auflage.

SCHILD, G. (2003): Die Wohlfahrtsreform von 1996. In: FLUCK, W. und W. WERNER (Hrsg.): Wieviel Ungleichheit verträgt die Demokratie. Armut und Reichtum in den USA. Frankfurt a. Main.

THE COUNCIL OF ECONOMIC ADVISERS (2014): The war on poverty 50 years later. A progress report. Washington D.C.

THE HOUSE BUDGET COMITTEE (2014): The war on poverty. 50 years later. Washington D.C.

UNITED STATES CENSUS BUREAU (2014): Income and poverty in the United States 2013. Washington D.C.

UNITED STATES DEPARTMENT OF AGRICULTURE (2015): Supplemental Nutrition Assistance Program Participation and Costs.
Url: http://www.fns.usda.gov/sites/default/files/pd/SNAPsummary.pdf (Stand: 12.03.2015).

UNITED STATES DEPARTMENT OF HEALTH AND HUMAN SERVICES (2014): Temporary Assistance for needy families. In: Justification of Estimates for Appropriations Committees. S. 279-296.

UNITED STATES OFFICE OF FAMILY ASSITANCE (2014): Caseload Data 2014.
Url: https://www.acf.hhs.gov/sites/default/files/ofa/2014_recipient_tan.pdf (Stand: 12.03.2015).

WORLD BANK (2013): Gross domestic product 2013.
Url: http://databank.worldbank.org/data/download/GDP_PPP.pdf (Stand 10.03.2015)